PROJET

D'un Pont d'une travée de charpente, de trente-six pieds, ouverte à son sommet, de dix pieds de largeur et sans clef.

Par le Citoyen PERRONET,

Premier ingénieur des Ponts et Chaussées de la République Françoise.

A PARIS,

De l'Imprimerie, rue du Théâtre-François, n°. 4.

L'AN DEUXIÈME DE LA RÉPUBLIQUE FRANÇOISE.

PROJET.

D'un Pont d'une travée de charpente, de trente-six pieds, ouverte à son sommet, de dix pieds de largeur et sans clef.

***

ARTICLE 1er.

IL est d'usage en tems de guerre de démolir le tout ou une partie des ponts qui peuvent faciliter la marche et l'approche de l'ennemi, lorsqu'il ne se trouve point comme aux places de guerre, des ponts à bascule qu'on puisse lever assez promptement pour empêcher l'entrée des troupes, qui tenteroient de surprendre ces places ; mais on a également intérêt de les arrêter dans leur marche au droit des autres ponts qui pourroient favoriser leur passage sur les rivières, ou sur des tranchées et ravines profondes, sans être obligé d'avoir recours à la démolition des ponts.

2.

C'est pour ce motif, et aussi afin de donner aux bateaux qui sont mâtés la facilité de leur navigation, sans qu'il soit besoin, comme cela est d'usage, de baisser les mâts au droit des ponts qui ne sont pas assez élevés , qu'on a imaginé d'en faire sans clef , ayant au sommet de l'une des arches un passage que l'on ouvriroit et fermeroit , au besoin , au moyen d'un pont-levis ou tablier placé de niveau ; le tout étant fait , comme on va l'expliquer, d'après le dessin gravé, ci-joint.

3.

Ce pont aura , ainsi qu'on l'a déjà dit , 36 pieds d'ouverture ; sa largeur , d'une tête à l'autre , sera de 18 pieds que l'on réduira à 10 pieds au milieu pour le passage du public ; ainsi qu'au droit du pont-levis.

4.

La hauteur du dessus du couchis de ce pont-levis sera de 12 pieds , depuis la naissance de l'arche , sur 10 pieds de largeur.

5.

La travée de charpente , formant l'arche , sera composée de sept espèces de fermes , et chaque ferme de deux jambes de force , figurant des arbalêtriers , posés jointivement l'un sur l'autre , et de chaque côté de la longueur du pont. Ces arbalêtriers auront chacun 23 pieds de longueur , 12 et 15 pouces de gros, et seront encastrés de 6 pieds dans la maçonnerie de chaque culée sur un angle faisant avec l'horizon 30 degrés.

6.

Les jambes de force du dessous formeront dans leur milieu une élévation triangulaire , d'un pouce de hauteur, et le cours supérieur sera recreusé d'autant en goutière pour les assujettir ensemble et empêch er l'eau de s'introduire dans le joint. On posera aussi deux clefs d'assemblage, de 2 pieds 6 pouces de longueur et 2 pouces d'épaisseur, formant un angle saillant d'un pouce au milieu de l'un des côtés avec un coin pour les serrer dans leurs mortoises et les entretenir dans le sens vertiçal, comme le premier des deux assemblages mentionnés ci-dessus , le fera horizontalement.

7.

Le premier arbalêtrier du dessous sortira du parement des culées , à 5 pieds de hauteur de la naissance de l'arche , et arrivera à environ 8 pieds de hauteur à l'autre bout où il sera coupé verticalement , ainsi que le cours supérieur et moisé de chaque côté à l'affleurement de sa coupure verticale.

8.

On posera d'équerre une pareille moise double sur le milieu de la longueur de l'arbalêtrier du dessous qui aura 9 pieds de long et un pied de grosseur en quarré , pour embrasser les poutrelles du pont avec lesquelles et les jambes de force , elles seront fortement assemblées par entaille et en bizot. La moise verticale n'aura que 3 pouces de longueur sur même grosseur d'un pied en quarré , comme la précédente ; elles seront toutes deux retenues avec doubles moises horizontales , haut et bas , chacune de 8 pouces de hauteur et 12 pouces de largeur , boulonnées entr'elles , de même que les moises pendantes avec les jambes de force à chacun de leurs bouts , et la plus longue moise avec la poutrelle de dessus. Les boulons auront 2 pouces de diamètre.

9.

A 3 pieds 6 pouces du bout d'en bas des plus longues moises , on placera des décharges de 5 pieds de longueur , sur 8 à 9 pouces de grosseur , assemblées par le bas à 3 pouces au-dessus des jambes de force supérieures dans les longues moises pendantes , et par le haut sur les poutrelles avec embrevement à chaque bout.

10.

En construisant les culées de maçonnerie , on placera trois cours d'assise de pierre de taille , formant chacune corbeaux d'un pied de saillie l'un sur l'autre, pour diminuer d'autant la portée des poutrelles qui sont posées sur ces corbeaux et se trouveront engagées d'un pied dans la maçonnerie, ainsi que cela est figuré sur le dessin. Ces poutrelles auront 13 pieds de long, sur un pied de grosseur en quarré, et seront posées en pente à raison d'un demi-pouce par pied.

11.

On posera quatre cours de pièces de pont de chaque côté de la travée, chacun de 8 pouces de grosseur en quarré et entaillés de 3 pouces au droit de chaque poutrelle, qui le seront elles-mêmes d'un pouce par le dessus pour y assembler ces pièces de pont.

12.

Chaque cours de pièces de pont excédera de 2 pieds le parement extérieur des poutrelles de rive, pour recevoir les liens pendants qui soutiendront les potelets des garde-fols.

13.

Le pont sera ensuite recouvert d'un cours de couchis jointifs de 4 pouces d'épaisseur, et d'un autre aussi en recouvrement des joints du cours inférieur sur 2 pouces d'épaisseur, jusqu'à 3 pouces au-delà de l'arrasement du parement des poutrelles de rive. Ces couchis

seront retenus l'un sur l'autre, et aussi sur les poutrelles avec chevilles barbées à tête perdue dans l'épaisseur du bois ; elles seront de longueur et grosseur
convenables, en observant d'en placer deux sur la
largeur de chaque couchis qui sera de 7 à 8 pouces.

14.

Avant de placer les couchis, on aura l'attention
d'élever et assembler sur les deux premiers cours de
poutrelles, situés de chaque côté de la tête du pont,
les poteaux des assemblages de charpente dont on va
parler ci-après, qui doivent servir à mouvoir le pont-
levis, et de différer également la pose des garde-fols.

15.

On élèvera verticalement de chaque côté de la moitié
du pont, quatre poteaux de 12 pieds de haut et de
9 pouces de grosseur en quarré, dont deux seront
assemblés à tenons et mortoises sur les poutrelles de
rive, à 6 pieds de distance, de milieu en milieu,
et deux pareils sur les poutrelles suivantes.

16.

Ces poteaux seront coeffés, d'un et d'autre côté,
avec chapeaux de 8 et 9 pouces de grosseur, assem-
bles à mi-bois et à queue d'hironde, en observant

de

de faire d'une seule longueur de 18 pieds ceux qui seront placés perpendiculairement aux têtes du pont.

17.

On posera des croix de St. André entre les poteaux verticaux parallèlement aux têtes du pont et d'autres horizontalement, sur 7 pieds de longueur seulement, pour entretenir les chapeaux qui traverseront toute la largeur du pont. Les bois de ces croix de Saint-André auront 6 à 7 pouces de grosseur en quarré ; ils seront assemblés à mi-bois à leur rencontre , ainsi qu'à tenons et mortoises embrevés et chevillés à leurs bouts.

18.

Pour empêcher le déversement des poteaux verticaux, on contre-buttera chacun de ceux qui sont situés du côté de la culée , d'une pièce de 12 pieds de longueur, assemblée par bas à tenons et mortoises dans les poutrelles ; et par le haut dans chaque poteau à la hauteur du sommet des croix de Saint-André correspondantes. Cette pièce aura 8 à 9 pouces de grosseur.

19.

Les poutrelles du tablier servant de pont-lévis seront assemblées solidement dans une espèce de sommier, de 15 pouces de grosseur en quarré, arrondi

B

dans son milieu et à chaque bout en forme de tou-
rillon , portant un axe horizontal de fer de 2 pieds et
demi de long et 2 pouces de diamètre.

20.

Les bouts de cette pièce seront fretés , chacun de
deux cercles de fer.

21.

Ces axes de fer seront bien tournés et porteront sur des
paliers de cuivre que l'on encastrera au milieu du bout
d'en haut de chaque moise verticale , et le sommier
sera soulagé dans le milieu de sa longueur par un
pareil palier , placé 5 pouces plus bas que les paliers
précédens pour soutenir la partie cylindrique.

22.

L'autre bout des mêmes poutrelles du tablier sera
aussi assemblé solidement dans une pièce de 18 pieds
de longueur , sur 10 pouces de large et 12 pouces de
haut ; tous les assemblages seront entretenus fortement
à chaque bout de ces poutrelles avec des brides de
fer , et on placera de fortes équerres aussi en fer à
chaque angle du tablier , le tout encastré dans le bois
et retenu avec boulons.

23.

Pour mieux entretenir entr'elles ces poutrelles, on posera sur le tablier de fausses pièces de pont de 8 pouces de grosseur en quarré en forme de croix de Saint-André, assemblées à mi-bois dans leur milieu et à queue d'hirondelle à leur bout ; elles seront entaillées au droit de chaque poutrelle et chevillées comme les pièces de pont, mentionnées ci-devant, doivent l'être sur les autres poutrelles.

24.

Ce tablier reposera, étant ouvert, sur des semelles de 12 pouces de large et 6 pouces de hauteur qui serviront de chapeaux aux petites moises verticales correspondantes : il sera fixé à la hauteur du dessus du couchis avec un fort verrou posé à chaque bout.

25.

On placera une roue de 3 pieds de diamètre avec gorge au milieu de son épaisseur, dont l'axe passera à environ 9 pieds du dessus des couchis, contre les poteaux verticaux, qui auront été élevés de chaque côté de la largeur du pont près de l'ouverture de son milieu.

26.

La chaîne qui doit servir à lever le pont, étant

arrêtée par un crampon dans la pièce qui recevra l'assemblage de chaque côté et au-delà du tablier, passera sur la roue mentionnée ci-devant, et sera arrêtée de l'autre bout à la circonférence d'un treuil de 8 pouces de diamètre, dont l'axe en fer de 18 lignes de grosseur se trouvera fixé à 3 pieds de hauteur du dessus du couchis contre le côté extérieur des deux poteaux verticaux, qui correspondront de part et d'autre du pont à ceux portant les roues dont il est ci-devant parlé.

27.

On achevera ensuite de poser les potelets et les lisses des garde-fols, et d'en fixer la hauteur à 2 pieds 9 pouces au-dessus des couchis.

28.

Pour tenir lieu des garde-fols au droit et de chaque côté du tablier, on posera une chaîne qui sera attachée d'un bout à 3 pieds de hauteur avec un crampon contre le poteau vertical correspondant, et de l'autre au haut d'un montant de fer aussi vertical de 3 pieds de longueur, que l'on fixera solidement de chaque côté sur les couchis du tablier, et cette chaîne sera enlevée avec le pont.

29.

Ce genre de construction exigeant de la légéreté, on n'y placera en bois de chêne que les jambes de force, les moises pendantes doubles, le sommier sur lequel doit se mouvoir le tablier, les roues, les parties de treuils qui feront agir la chaîne, le deuxième rang de couchis du dessus posés en recouvrement, les pièces de pont et les garde-fols dont les bois étant les plus foibles ont aussi besoin d'être plus durables; tous les autres bois seront en sapin qui pèse ordinairement un tiers moins que le bois de chêne.

30.

Le pont étant levé, on le fixera aux deux poteaux verticaux contre lesquels il viendra s'appliquer, avec un boulon de fer de 3 pieds de long et 18 lignes de gros, qui sera taraudé au bout intérieur ; on y placera un écrou et une rondelle en fer, que l'on serrera fortement avec une clef. Cet écrou sera recouvert d'une plaque de fer cadenassée, pour empêcher que l'on puisse baisser le pont sans nécessité.

31.

On va présentement donner le calcul du poids du tablier et celui de la force qu'il sera nécessaire d'employer pour le lever.

32.

BOIS DE SAPIN.

5 poutrelles, chacune de 12 pieds de long, compris leur assemblage et 12 pouces de grosseur en quarré, produit en cube, ... 60 pi. p.

La pièce du bout du tablier de 18 pieds de long, 10 et 12 pouces de gros, ci. 15

Le premier rang de couchis de 10 pieds de long et 11 pieds de large, sur 4 pouces d'épaisseur, produit ci. 36   8 p.

111 pi. 8 p.

Les 111 pieds 8 pouces cubes, à 40 liv. le pied cube, en le supposant sec, tel qu'il est aisé d'en trouver. . . . . . . 4,466 liv.

BOIS DE CHÊNE.

Le deuxième rang des couchis posé en recouvrement sur le premier, de 10 pieds de long et 11 pieds de large sur 2 pouces d'épaisseur, produit. . . . . . . 18 pi. 4 p.

Deux espèces de pièces de pont du dessous des poutrelles, chacune de 14 pieds de long et 8 pouces de grosseur en quarré, produit 12   3

30 pi. 7 p.

Les 30 pieds 7 pouces cubes à 65 liv. le pied cube, poids moyen, en supposant le bois encore vert, produit. . . . . . 1,987 liv.

6,453 liv.

Ci-contre. . . . . 6,453 liv.

Liens , équerres , boulons et chevillettes de fer , poids
évalué en total à . . . . 150 liv.

Nota. On ne compte point ici le poids du sommier de bois
de chêne, parce qu'il est en équilibre sur ses tourillons.

Total du poids du tablier. . . . . 6,603 liv.

33.

Si la puissance agissoit perpendiculairement à chaque bout du tablier , il suffiroit qu'elle fût égale à ce
poids de 6,603 liv. ; mais à cause de l'obliquité de la
direction de la chaîne qui doit former un angle de
60 degrés avec le tablier , lorsqu'il est descendu ,
cette force est augmentée en raison du sinus de cet
angle qui est de 65,605 au sinus total de 100,000 ,
ou à peu près du tiers : ce qui l'élèvera à 8,800 liv. ;
mais à cause des frottemens, il conviendra d'augmenter
encore le tout du tiers , d'après les expériences du
citoyen Amontons ; ce qui donne 11,733 liv. , dont
la moitié pour la machine qui sera appliquée de chaque côté du tablier , doit faire évaluer cette force à
5,866 liv.

34.

On propose une espèce de cric , dont la manivelle
de 15 pouces de coude porteroit un pignon de trois
ailes , engrenant dans une roue dentée de 3 pieds

6 pouces de diamètre, qui seroit fixée à l'axe d'un treuil
de 8 pouces de diamètre, portant la chaîne du pont
et tenant lieu dans le cric de la crémailler verticale,
que l'on applique par l'une de ses extrémités recou-
dée, au poids que l'on veut lever.

35.

Au moyen de cette machine, il suffiroit d'appliquer quatre hommes à chacune des deux manivelles
pour commencer à lever le pont, après avoir retiré
les verroux qui doivent le fixer dans sa position horizontale ; et cette force diminuera continuellement à
mesure qu'on l'élèvera jusqu'à ce qu'il soit arrivé dans
sa position verticale.

36.

Il est facile de voir d'après cet énoncé, qu'en supposant 84 dents à la roue, la manivelle fera 28 tours
pour chacun de ceux du treuil qui portera la chaîne,
dont la circonférence étant à peu près de 2 pieds,
exprimera la vîtesse du poids, pendant que celle de
la puissance le sera par les 28 tours de la manivelle
produisant 112 pieds, ce qui est 56 fois moins que
celle du poids.

37.

L'effort qu'aura à faire chacun des quatre hommes

en

en commençant à lever le tablier, sera pour lors de
près de 25 livres ; et c'est la force qu'on est dans
l'usage de leur attribuer pour le mouvement des ni-
velles avec une vitesse qui est au moins de vingt
tours par minute : et le pont se trouvera levé en moins
de huit minutes, parce que la chaîne n'aura pas 16
pieds de longueur, depuis le crampon auquel elle sera
attachée au pont, jusques à la roue du haut des poteaux
montans qui doit la renvoyer sur chaque treuil.

Il est présentement convenable d'examiner le poids
que les jambes de force doublées auront à porter, afin
de connoître si elles se trouveront assez fortes pour la
charge que chacune d'elles aura à supporter.

La partie de chaque poutrelle située au-
delà de la saillie des corbeaux de pierre ;
aura 15 pieds de longueur et un pied en
quarré de grosseur, réduit en cube.

L'effort qu'aura à faire chacun des

15 pi. o p.

De l'autre part. . . . . 15 pi. 0 p.

La partie du premier rang des conchis de même longueur de 15 pieds, sur 3 pieds de large et 4 pouces d'épaisseur, produit. 15

Pour les 8 pouces dont il excédera le milieu de la poutrelle de rive. . . . . 3 . 9

Deux poteaux verticaux sur chacun des deux premiers rangs de poutrelles de part et d'autre du pont, ayant ensemble 24 pieds de long depuis le dessus d'une seule poutrelle, et 9 pouces en quarré, produit en cube. . . . . 13 . 6

Une croix de Saint-André composée de deux pièces, chacune de 7 pieds de long sur 6 à 7 pouces de grosseur, ci. . . . . . 8 . 2

La pièce qui doit contrebutter le déversement des poteaux verticaux de 12 pieds de long sur 8 à 9 pouces de gros, produit en cube. 6

Les chapeaux du dessus et en retour des poteaux verticaux de 12 pieds de long sur 8 à 9 pouces de gros, produit. 6

67 pi. 5 p.

A 40 livres le pied cube, produit. . . . . 2,690 liv.

BOIS DE CHÊNE.

Les deux nobles moises pendantes et verticales, ayant ensemble 12 pieds de long, 24 pouces de large et 12 pouces d'épaisseur, produit en cube. . . . . 24 pi. 0 p.

24 pi. 0 p.   2,690 liv.

Ci-contre. . . . . 24 pi. 0 p. . . 2,690 liv.

Une décharge sous la poutrelle de 6 pieds
de long , compris assemblage sur 8 à 9 pouces , produit en cube. . . . . **3.**

Les quatre doubles moises horizontales
qui doivent embrasser chaque bout des moises pendantes , auront ensemble 27 pieds de
longueur , sur 8 et 12 pouces de grosseur
produisant. . . . . **18.**

Les parties des quatre pièces de pont avec
2 pieds de saillie au-delà de leur parement
extérieur , auront ensemble 20 pieds de longueur , sur 8 pouces en quarré , et produiront en cube. . . . . **8. 9.**

La partie du sommier qui doit porter le
tablier de 15 pouces de grosseur en quarré ,
produit. . . . . **6. 4.**

Le cours du deuxième couchis joint de 15
pieds de long , 3 pieds de large et 2 pouces
d'épaisseur , produiront en cube. . . . . **7. 6.**

Nota. Ce cours de couchis et celui de sapin
auront 8 pouces de longueur de plus , ce
qui produira pour celui de chêne un supplé-
ment d'environ 2 pieds cubes. **2**

3 poteaux de garde-fols avec leurs liens
pendants sur les pièces de pont , ayant ensemble 30 pieds de long , sur 7 et 8 pouces
de grosseur , produit . . . . **12)**

Deux cours de lisse , ensemble de même
longueur de 30 pieds et pareille grosseur
réduite de 7 à 8 pouces **12**

———————————
93 pi. 7 p.
═══════════

Les 93 pieds 7 pouces cubes à 65 liv. le pied , poids réduit ,
donnent , ci . . . . **6,088 liv.**
─────────
8,778 liv.

C 2

De l'autre part. . . . . 8,778 liv.

Le poids des chevillettes barbées des deux cours de couchis est évalué avec celui d'une partie de la chaîne, des petits treuils et de la roue qui doivent servir à lever le pont à 200

Le poids du tablier, suivant le calcul précédent, est de 6,6o3 liv., qu'il conviendra de partager entre les sept cours de jambes de force doublées qui doivent composer la moitié du pont lorsqu'il sera levé, ce qui produira pour chaque cours le huitième de ce poids, ou à peu près 8o5 liv., ci. 825

Nota. Lorsque le pont sera baissé, son poids se trouvera de moitié pour ses jambes de force, étant pour lors partagé également avec celle de l'autre moitié du pont.

On supposera qu'il pourra se trouver sur chaque moitié de la longueur du pont une voiture chargée du poids de dix milliers excédant de près du double celui d'une pièce de canon de vingt-quatre livres de balle, pesant 5,4oo liv. que l'on voudroit y faire passer en place de cette voiture. Ce poids est à partager également entre les sept cours de jambes de force, ce qui produira pour chacun environ. 1,427 liv.

TOTAL de la charge de chaque cours des jambes de force pour l'un des côtés du pont. . . . . 11,23o liv.

Calcul de la résistance des jambes de force doublées pour chaque côté de la longueur du pont.

4o.

D'après les expériences faites l'année dernière par le citoyen Varennes-Fénille pour comparer la force des différentes espèces de bois , en y employant des pièces qui avoient toutes 2 pouces de grosseur en quarré et 7 pieds 8 pouces de longueur ; lesdites expériences rapportées dans le premier tome de ses mémoires sur l'administration forestière , page 293 , il a reconnu qu'une pièce de bois de chêne engagée très-solidement , de 8 pouces , dans un gros mur , laquelle pesoit 11 livres 7 onces 6 gros ; ce qui donne à peu près 54 liv. pour le pied cube , parce qu'elle étoit presque sèche , s'est rompue à sa jonction contre le mur, étant chargée à son autre extrémité sous un poids de 185 liv. et demie , et à un angle de 12 degrés sous une ligne horizontale. Il auroit fallu un plus grand poids si le bois eût été vert , comme on l'employe ordinairement aux ponts , et qu'il eût pesé 65 liv. le pied cube , ainsi qu'on l'a supposé dans les calculs précédens. Cependant nous partirons de cette expérience qui devient favorable à la solidité pour établir la résistance des jambes de force du pont , et nous réduirons aussi ce poids au quart , faisant 46 liv. trois quarts , afin que les bois ne puissent pas plier sensiblement , vu qu'ils sont à découvert et exposés à de plus fortes charges que ceux des bâtimens dont on se contente de réduire à moitié , comme M. de Buffon le conseille , la charge qu'il est nécessaire d'employer pour les rompre.

41.

Présentement pour connoître le poids que pourroient porter à leur extrémité les jambes de force doublées du pont, qui auront 15 pieds de longueur, d'après le nud des culées dans lesquelles elles se trouveront engagées de 6 pieds, sur 30 pouces de hauteur et 22 pouces de largeur, si l'on en fait le calcul d'après le précepte de Galilée, adopté par Buffon, et autres méchaniciens célèbres, en supposant ces pièces posées horizontalement sur deux points d'appui ; suivant lequel précepte la résistance des différens corps doit se faire dans la raison du quarré de leur hauteur par leur largeur et l'inverse de leur longueur ; on connoîtra qu'une pareille pièce qui n'auroit que 2 pouces en quarré, pourra porter à son extrémité, sans être exposée à se rompre ni à plier sensiblement, un poids de 22 livres, en négligeant la fraction, et qu'il faudra charger le bout de chaque jambe de force couplée de 29,700 liv. pour produire le même effet ; ce qui porte sa résistance à près du triple du poids de 11,242 liv., dont on suppose que les jambes de force doivent être chargées à leur bout.

42.

Buffon a reconnu avec Bernoully que cette règle

convenant aux solides qui seroient absolument in-
flexibles et romproient tout-à-coup, devenoit diffé-
rente pour les bois à cause de leur élasticité, et que
la diminution opérée sur la longueur des pièces doit
se faire en plus grande raison que celle donnée par
la règle de Galilée : mais cela n'influe point sur les
calculs que l'on vient d'adopter, vu que la résistance
du bois sera encore beaucoup plus grande qu'il n'est
nécessaire pour l'effort qu'il aura à soutenir.

<h2 style="text-align:center">43.</h2>

On doit aussi remarquer en faveur de l'augmenta-
tion de résistance des jambes de force :

1°. Qu'elles doivent être fortifiées aux deux cinquièmes de leur longueur, en partant de chacune des
culées par une grande double moise pendante, figurée
sur le dessin, assemblée et boulonnée au bout d'en
bas à ses jambes de force ; et par le bout opposé avec
une poutrelle du pont joignant la saillie du dernier
corbeau de pierre : ce qui réduira en quelque sorte
aux trois cinquièmes leur longueur et les fortifiera
à peu près dans le rapport de 3 à 5 de la résistance
que l'on vient de leur attribuer.

2°. Que le poids que devra supporter chaque jambe
de force se trouvera distribué sur toute sa longueur,
au lieu d'être, comme on l'a supposé dans le calcul

précédent , réuni à son extrémité , et que pour cette seule considération la jambe de force sera encore soulagée de la moitié de sa charge.

3°. Qu'elle sera aussi fortifiée par son inclinaison de 3o degrés, en raison du sinus de cet angle, au sinus total , ou dans le rapport de 1 à 2 , qui est celui de ces sinus : parce que , dans le calcul que l'on a fait, on a supposé qu'elle seroit placée horizontalement, situation qui est la plus foible qu'elle puisse avoir pour résister à une charge qui agiroit dans une direction verticale et perpendiculaire à la longueur des fibres.

Et 4°. Qu'on a encore supposé dans ces calculs que le pont seroit levé , et que les jambes de force se trouveroient pour lors chargées de tout son poids ; au lieu qu'étant baissée, la moitié du poids de ce pont et de la charge qui y passera , se trouvera partagée également avec la résistance des jambes de force qui sont situées du côté opposé , comme on l'a dit ci-devant.

44.

Les jambes de force peuvent au surplus, être considérées comme autant de ressorts engagés par l'un de leurs bouts , qui soutiendroient par l'autre bout une charge beaucoup plus considérable que celle du pont projetté , et des voitures ou pièces d'artillerie que l'on y feroit passer. Il sera seulement susceptible , à cause de l'élasticité du bois et de la nature des ressorts , de s'affaisser un peu lors du passage des voitures , comme le font des poutrelles des grandes travées de charpente , semblables à celles du pont de Kell , établi sur le Rhin à Strasbourg , lesquelles sont en sapin.

Les observations précédentes peuvent donner la plus grande confiance sur la solidité de ce pont.

45.

Il nous reste encore à examiner la force des poutrelles de bois de sapin , d'environ 10 pieds de longueur et 12 pouces de grosseur en quarré , qui doivent être employées au pont et à son tablier.

46.

On peut conclure d'après les expériences de M. de Buffon , rapportées dans les mémoires de l'académie des sciences , année 1741 , page 333 , faites sur une pièce de bois de chêne de 10 pieds de longueur et de 8 pouces de grosseur en quarré , qu'elle pourra porter , en la réduisant au quart , un poids de 23,414 liv. étant chargée dans son milieu et posée horizontalement sur deux points d'appui , sans être fixée à ses bouts , pour qu'elle ne soit pas exposée à se rompre.

D

47.

On sait aussi d'après les expériences qui ont été faites par MM. Buffon et Parent , que le bois de sapin qui pèse moins que le chêne, est cependant plus fort d'un cinquième pour porter que ce dernier : ce qui élèvera à 28,496 livres les 23,414 livres trouvées ci-dessus , au lieu de 11,242 livres , dont chaque poutrelle doit être chargée moyennement , ainsi que les jambes de force doublées, mentionnées ci-devant.

48.

A l'égard des doubles cours de couchis qui auront ensemble 6 pouces d'épaisseur et moins de 3 pieds de longueur , entre les poutrelles de milieu en milieu , il est aisé d'appercevoir que leur résistance sera encore plus grande que celle des poutrelles.

49.

On pense qu'il y aura aussi moyen de construire ce pont en pierre , lorsqu'on pourra employer aux jambes de force du granit , du marbre , ou autres pierres semblables de la plus grande dureté , et qu'elles seront d'un seul quartier sur toute la longueur , l'épaisseur et la hauteur de chaque jambe de force , pour ne pas être obligé de les doubler comme celle de charpente. Alors il conviendra de faire les couchis en bois, ainsi que le pont-levis et la charpente qui doit servir à sa manœuvre ; à l'égard des garde-fols, on les posera en fer forgé.

5o.

Cette construction que l'on croit praticable dans les endroits où l'on trouvera les différentes natures de pierres qui viennent d'être désignées, procurera la même utilité que le pont de charpente, et satisfera également aux avantages essentiels que l'on s'est proposés par le présent mémoire.

Paris, le 20 nivose de l'an 2e. de la République Française une et indivisible.

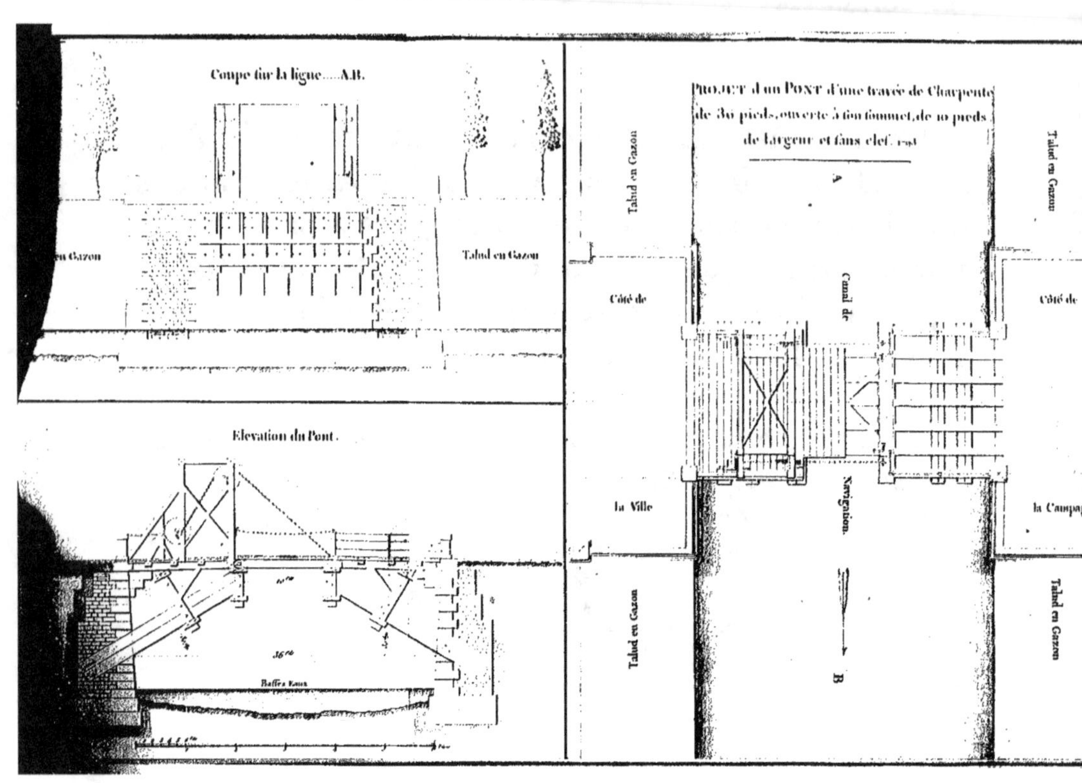

Coupe sur la ligne....A.B.
Talud en Gazon
en Gazon
Talud en Gazon
Elevation du Pont.
Basses Eaux
Projet d'un Pont d'une travée de Charpente de 30 pieds, ouverte à son sommet, de 10 pieds de largeur et sans clef. 1791
Talud en Gazon
Côté de
la Ville
Canal de
Navigation.
A
B
Talud en Gazon
Talud en Gazon
Côté de
la Campagne
Talud en Gazon

www.ingramcontent.com/pod-product-compliance
Lightning Source LLC
LaVergne TN
LVHW020459060726
842525LV00005B/1797